让孩子越玩越聪明的思维游戏书

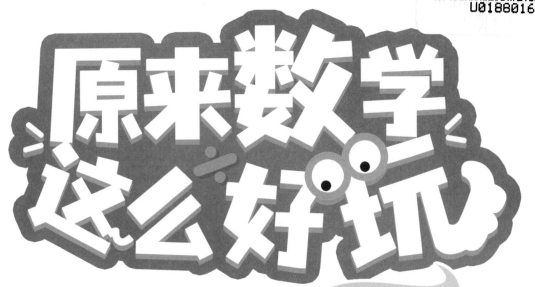

原来数学这么好玩

计算篇

主　编　田　峰

执行主编　夏瑞攀

副主编　曹克楠　吴晓宁　陈　茹　许宏远

参编人员（排名不分先后）

俞雅娟　陈美佳　潘雅欠　陈冬阳

董惠雅　段福晓　李　慧　郑志豪

徐志强　廖　豪

中国科学技术大学出版社

图书在版编目(CIP)数据

原来数学这么好玩.计算篇/田峰主编.—合肥:中国科学技术大学出版社,2022.5 (2023.8重印)
ISBN 978-7-312-05412-9

Ⅰ.原… Ⅱ.田… Ⅲ.数学—儿童读物 Ⅳ.O1-49

中国版本图书馆CIP数据核字(2022)第039212号

原来数学这么好玩(计算篇)
YUANLAI SHUXUE ZHEME HAOWAN (JISUAN PIAN)

出版	中国科学技术大学出版社
	安徽省合肥市金寨路96号,230026
	http://press.ustc.edu.cn
	https://zgkxjsdxcbs.tmall.com
印刷	安徽联众印刷有限公司
发行	中国科学技术大学出版社
开本	880 mm×1230 mm　1/16
印张	3.25
插页	2
字数	41千
版次	2022年5月第1版
印次	2023年8月第3次印刷
定价	33.00元

编者的话

提到数学，估计很多人脑子里会浮现出一大堆复杂的定理和公式以及繁琐的计算和推理。我想说这不是数学的本来面目。真正的数学是要从生活中来，到生活中去的。真正的数学书天生具有美感并且是好玩的。

而数学的教育，更应该注重兴趣的培养。人类进步的原始动力就是好奇心。好奇心驱使人类不断地思考和探索，进而发展出我们今天的科学，深深地影响着我们的生活。数学的教育就是要唤起学生对数字世界的好奇心，驱动学生自己去发现数学的规律，感受数学的乐趣。这套思维游戏书的最大特点就是通过一系列和生活息息相关的题目，来训练小朋友们基本的数学思维。每做一道题都像在做一个游戏，在游戏过程中，慢慢学会数学的思维方式，培养数学思想；在解决问题的过程中，又可获得一种胜利的成就感。这样就更进一步地培养了兴趣，形成了兴趣激发、问题解决、成就驱动的正循环，这才是小孩子学好数学的正确路径。

感谢方田教研小伙伴们的辛勤付出，让小朋友们可以享受到学习的乐趣，体会到数学好玩。同时，由于作者水平有限和成书时间仓促，书中如有错漏，请大家多指正。

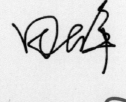

目　录

小猫吃鱼

贴一贴 根据卡片上的圆点数在每只小猫的盘子里放上相应数量的小鱼，请用附页的贴纸贴一贴。

十以内的数

○ 独立思考　　○ 引导下完成　　○ 有点迷糊

方方的菜地

圈一圈 方方的每块菜地里分别长了多少蔬菜？在木牌上把正确的数圈出来。

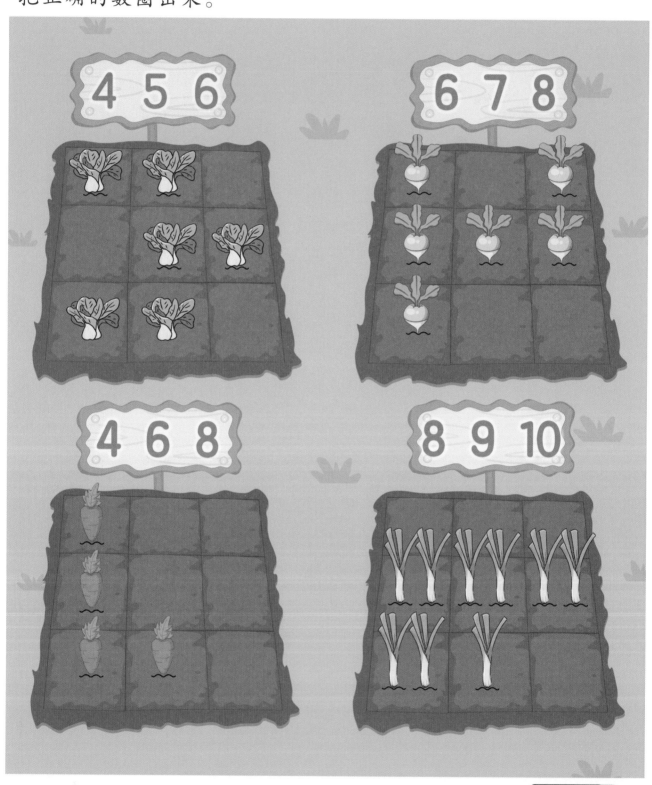

十以内的数

 独立思考   引导下完成   有点迷糊

太空探险

数的排列

画一画 宇航员必须按照从 1 到 10 的顺序前进才能顺利回到飞船上，请帮宇航员画出正确的路线。

十以内的数

扫扫看解析

独立思考   引导下完成   有点迷糊

3

小刺猬去旅行

画一画 小刺猬必须按照从10到1的顺序前进才能顺利回到大森林，请帮小刺猬画出正确的路线。

○ 独立思考　　○ 引导下完成　　○ 有点迷糊

扫扫看解析

分气球

填一填 儿童节到啦！小丑叔叔在分气球，把 7 个气球分给 2 个小朋友，可以怎么分？在方框里填一填。

 ○ 独立思考　○ 引导下完成　○ 有点迷糊

5

射击游戏

填一填 射击运动员们在练习射击，每个人都已经射了 9 支箭。请你数一数，他们射中了几支？几支没射中？在每幅图右边的方框里填一填。

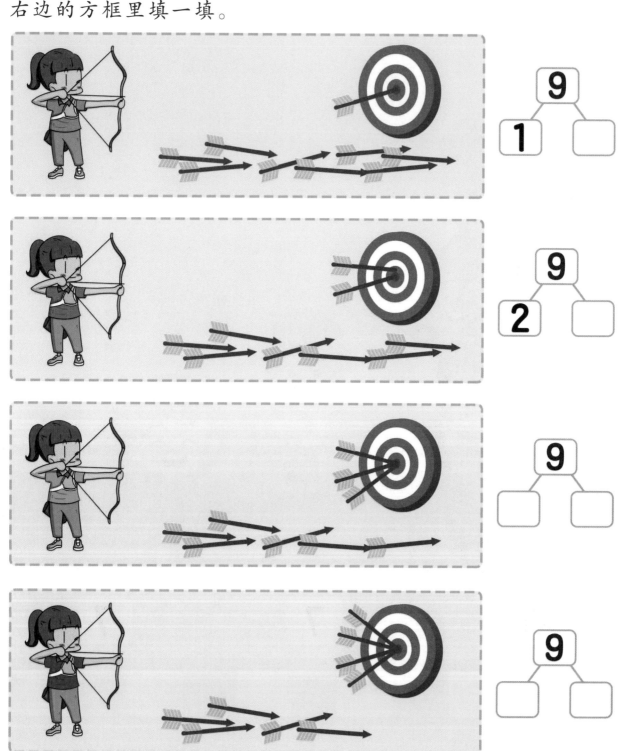

  ○ 独立思考   ○ 引导下完成   ○ 有点迷糊

神奇药剂

填一填 帮化学家爷爷分一分，把每个数都分解到 1。

数的分解与组合

百数表

填一填 方方做了一张百数表，请你帮他填完整，在每个小方格里填上合适的数。

相邻数和单双数

1									10
	12							19	
		23					28		
			34			37			
				45	46				
				55	56				
			64			67			
		73					78		
	82							89	
91									100

独立思考　　引导下完成　　有点迷糊

扫扫看解析

摘香蕉

圈一圈 猴妈妈摘了 4 根香蕉，猴爸爸摘的香蕉比猴妈妈多 1 根，猴宝宝摘的香蕉比猴妈妈少 1 根，猴爸爸和猴宝宝分别摘了几根香蕉呢？

扫扫看解析

独立思考　　引导下完成　　有点迷糊

9

美丽花园

圈一圈 双数门后面藏着美丽的花园，帮田田找出所有的双数门吧！

相邻数和单双数

独立思考   引导下完成   有点迷糊

扫扫看解析

神奇卡片

认识单双数

涂一涂 给所有的双数格子涂上漂亮的颜色，仔细观察一下，你能找到什么规律吗？

1	2	3	4	5	6	7	8	9	10
11	12	13	14	15	16	17	18	19	20
21	22	23	24	25	26	27	28	29	30
31	32	33	34	35	36	37	38	39	40
41	42	43	44	45	46	47	48	49	50
51	52	53	54	55	56	57	58	59	60
61	62	63	64	65	66	67	68	69	70
71	72	73	74	75	76	77	78	79	80
81	82	83	84	85	86	87	88	89	90
91	92	93	94	95	96	97	98	99	100

相邻数和单双数

扫扫看解析

○ 独立思考 ○ 引导下完成 ○ 有点迷糊

大嘴怪吃东西

贴一贴 大嘴怪喜欢吃多的东西。下面每组中大嘴怪的大嘴巴分别应该朝向哪边呢？请你用附页的贴纸贴一贴。

数的比较

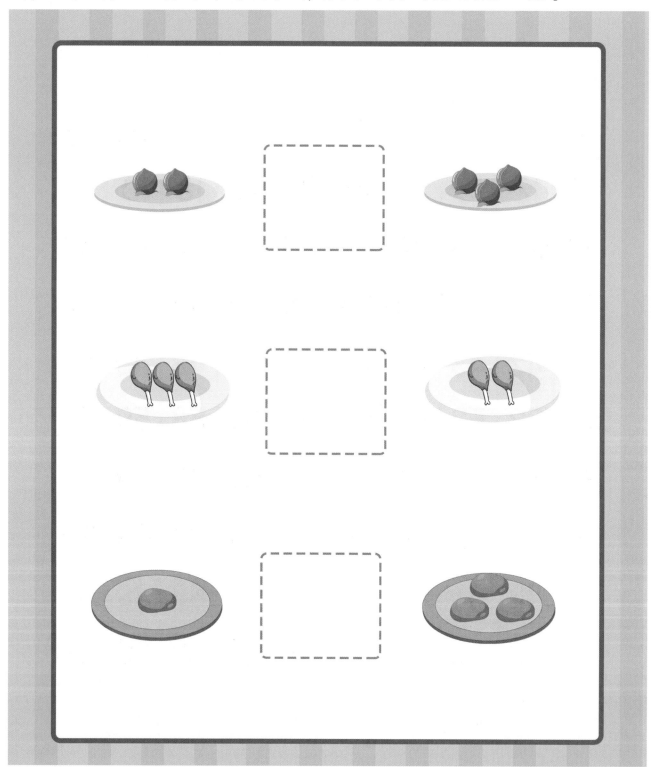

○ 独立思考　　○ 引导下完成　　○ 有点迷糊

扫扫看解析

贪吃的大嘴怪

填一填，贴一贴 数数每种食物分别有几个，把数填在相应的方框里。再判断一下每组中大嘴怪的大嘴巴分别会朝向哪边，用附页的贴纸贴一贴。

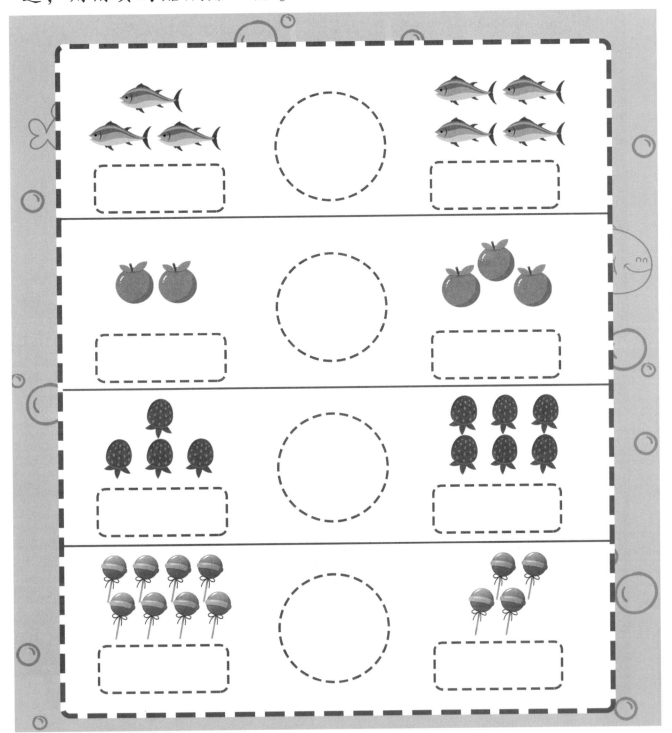

扫扫看解析

○ 独立思考　　○ 引导下完成　　○ 有点迷糊

数的比较

乘坐太空船

贴一贴 根据圆圈里的符号判断，空的太空船上最多能坐几只小动物？请用附页的贴纸贴一贴。

独立思考　　引导下完成　　有点迷糊

扫扫看解析

一起包粽子

填一填 端午节到啦，大家一起包粽子。每个粽子必须由1片粽叶、1颗蜜枣、1份红豆组成。想一想，方方的材料最多能包几个粽子？田田的材料最多能包几个粽子？请将数量填在对应的方框里。

多和少

扫扫看解析

独立思考　引导下完成　有点迷糊

15

不一样的双胞胎

画一画 双胞胎兄弟不想什么都一样，请你想一想，在东西总数不变的情况下，怎样才能让它们的东西变得不一样多呢？

多和少

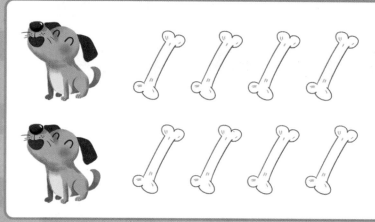

○ 独立思考　○ 引导下完成　○ 有点迷糊

扫扫看解析

美味的甜甜圈

画一画 方方和田田一起分享甜甜圈，请你想一想，在甜甜圈总数不变的情况下，怎样才能让他们的甜甜圈变得一样多呢？

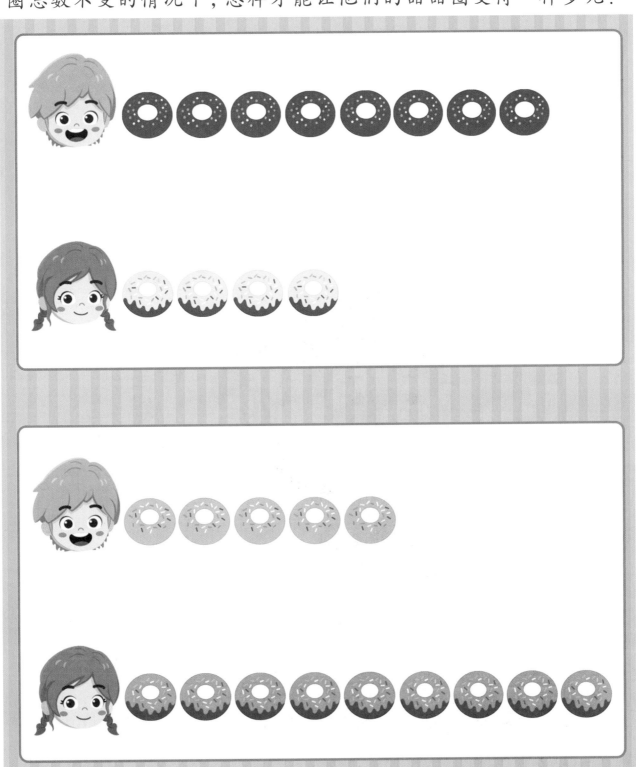

多和少

加减概念

神奇魔术师

涂一涂 魔术师有 3 朵花，挥了挥手，又变出来 2 朵，现在魔术师有几朵花呢？他有几朵花你就给几朵花涂上颜色吧！

加减法

○ 独立思考　○ 引导下完成　○ 有点迷糊

扫扫看解析

沙滩派对

认识加号

贴一贴 3只小螃蟹在沙滩上晒太阳，过了一会儿又爬来1只，现在沙滩上一共有几只小螃蟹呢？请用附页的贴纸贴一贴。

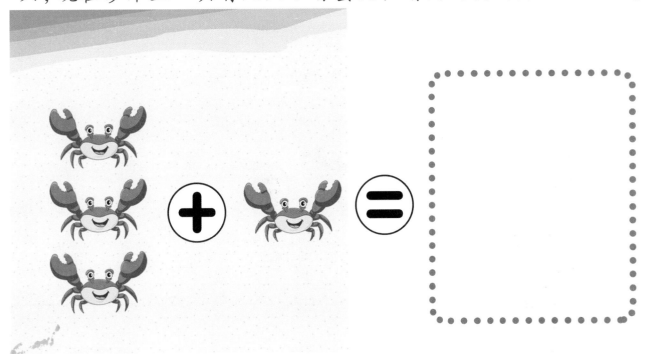

贴一贴 2只小乌龟在沙滩上玩耍，过了一会儿又爬来2只，现在沙滩上一共有几只小乌龟呢？请用附页的贴纸贴一贴。

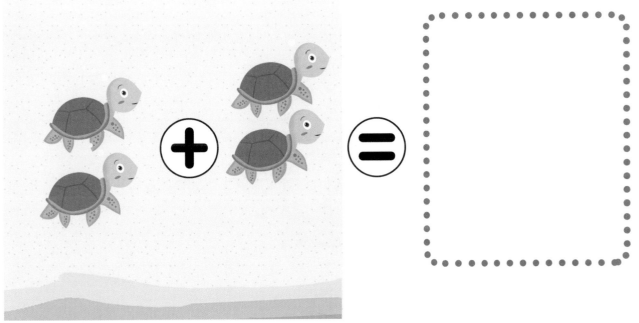

加减法

扫扫看解析

○ 独立思考   ○ 引导下完成   ○ 有点迷糊

19

春天来了

贴一贴 5只小鸟在树上唱歌，过了一会儿飞走2只，现在树上一共有几只小鸟？请用附页的贴纸贴一贴。

加减法

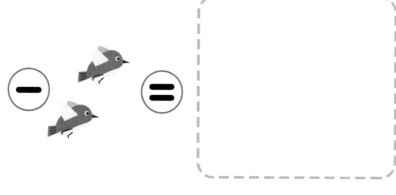

贴一贴 4只天鹅在湖里游泳，过了一会儿飞走2只，现在湖里一共有几只天鹅？请用附页的贴纸贴一贴。

独立思考　　引导下完成　　有点迷糊

扫扫看解析

搭帐篷

填一填 小朋友们在搭帐篷，先搭了 2 顶，又搭了 4 顶，一共搭了几顶帐篷呢？请把下面的算式填完整。

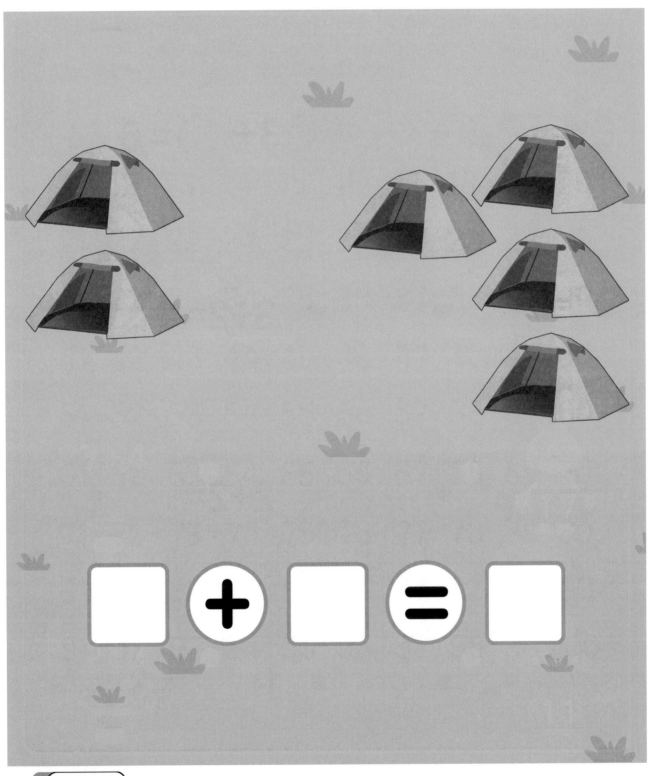

加减法

扫扫看解析

○ 独立思考　○ 引导下完成　○ 有点迷糊

21

掷骰子

连一连 方方、田田、乐乐、园园在掷骰子，每个小朋友掷了2次。请你把左边的点数和右边对应的算式连起来，并把算式补充完整。

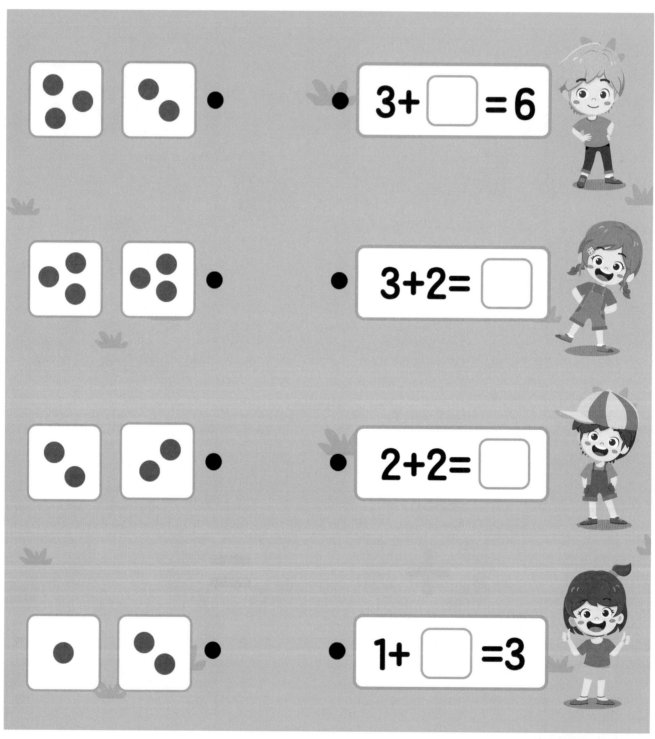

$$3+\boxed{}=6$$

$$3+2=\boxed{}$$

$$2+2=\boxed{}$$

$$1+\boxed{}=3$$

独立思考　　引导下完成　　有点迷糊

扫扫看解析

灯笼节

连一连 根据灯笼上的算式，把灯笼和对应数量的蜡烛连起来，让灯笼亮起来吧！

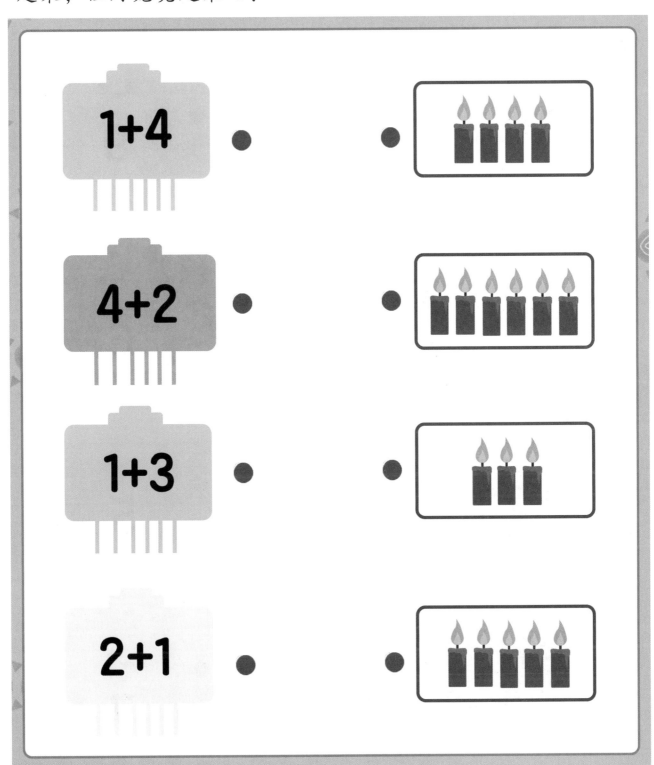

加减法

扫扫看解析

独立思考 　 引导下完成 　 有点迷糊

小猫抓鱼

连一连 小猫想抓到鱼缸里的小鱼，根据鱼缸里的算式，把小猫和对应的鱼缸连起来吧！

○ 独立思考　○ 引导下完成　○ 有点迷糊

数叶子

填一填 哎呀！叶子被风吹掉了，数一数树上还剩几片叶子，被风吹走了几片叶子，计算一下原来每棵树上一共有几片叶子，把算式补充完整吧！

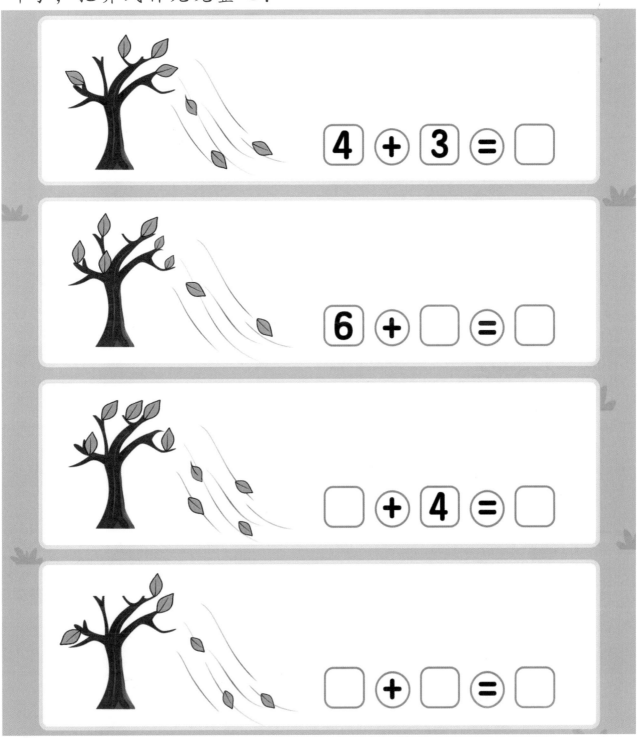

$4 + 3 = \boxed{}$

$6 + \boxed{} = \boxed{}$

$\boxed{} + 4 = \boxed{}$

$\boxed{} + \boxed{} = \boxed{}$

加减法

数果子

填一填 每棵树上原来有一些果子，数一数掉下来几个，还剩几个，把算式补充完整吧！

加减法

$11 - 4 = \boxed{}$

$6 - \boxed{} = \boxed{}$

$10 - \boxed{} = \boxed{}$

$12 - \boxed{} = \boxed{}$

○ 独立思考　　○ 引导下完成　　○ 有点迷糊

扫扫看解析

小鼹鼠挖地洞

填一填 小鼹鼠在挖地洞，只有在圆圈里填上正确的数才能顺利往下挖，帮小鼹鼠填一填吧！

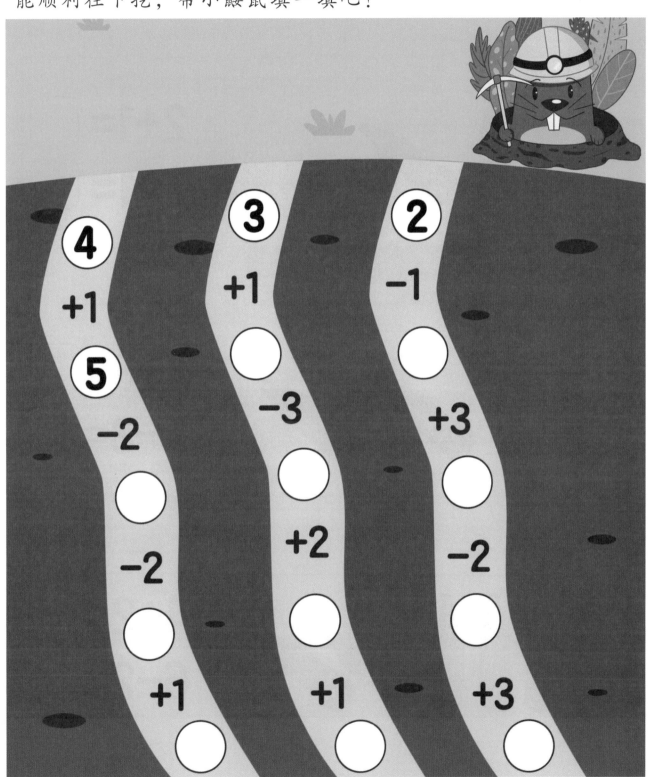

加减法

 ○ 独立思考 ○ 引导下完成 ○ 有点迷糊

27

加减法

数可乐

填一填 数一数立着的可乐有几瓶，倒下的可乐有几瓶，在方框里填上合适的数。

$2+1=\boxed{}$

$3-1=\boxed{}$

$2+3=\boxed{}$

$5-3=\boxed{}$

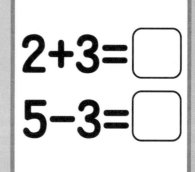

$4+2=\boxed{}$

$6-2=\boxed{}$

加减法

○ 独立思考　○ 引导下完成　○ 有点迷糊

扫扫看解析

数字搬家

填一填 左边算式里的数字搬家去右边，右边的圆圈中应该填什么数字呢？

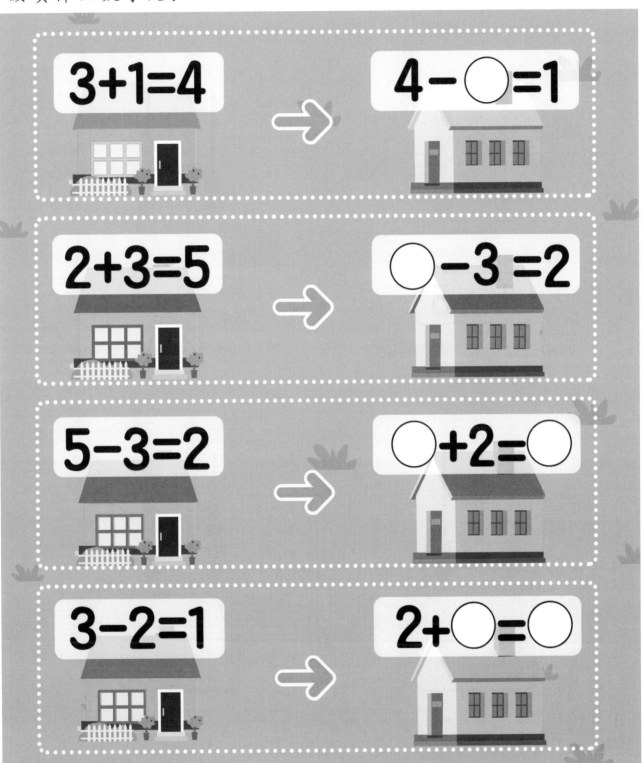

$3+1=4$ ➡ $4-\bigcirc=1$

$2+3=5$ ➡ $\bigcirc-3=2$

$5-3=2$ ➡ $\bigcirc+2=\bigcirc$

$3-2=1$ ➡ $2+\bigcirc=\bigcirc$

扫扫看解析

○ 独立思考   ○ 引导下完成   ○ 有点迷糊

神奇的数位

填一填 数一数每根竹签上山楂的个数，并在相应的方框里填上正确的数字。

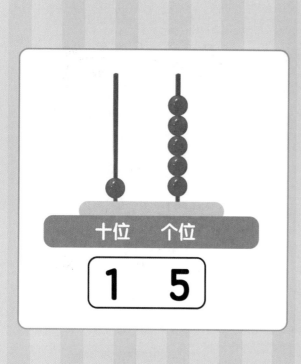

十位　个位

1 5

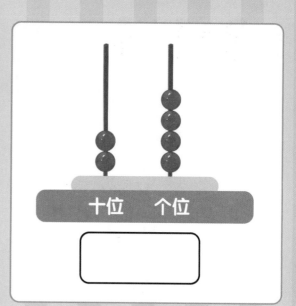

十位　个位

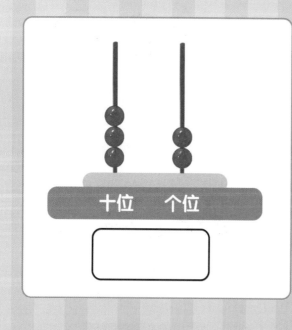

十位　个位

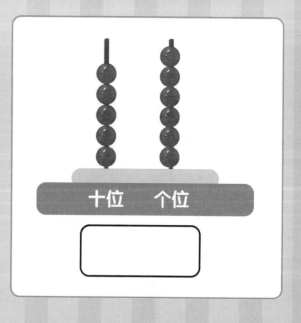

十位　个位

数的组成

 独立思考　　引导下完成　　有点迷糊

扫扫看解析

美味糖葫芦

认识数位

贴一贴 根据方框里的数字在竹签上串上对应数量的山楂，请用附页的贴纸贴一贴。

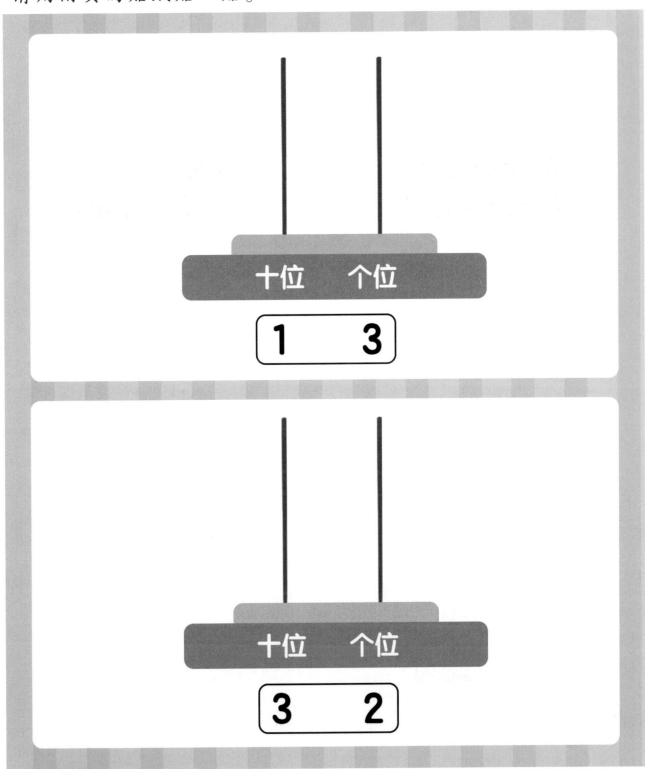

数的组成

独立思考   引导下完成   有点迷糊

31

猜数游戏

填一填 方方和田田心里都想了一个数，根据他们说的话猜一猜，他们想的分别是哪个数呢？

独立思考　　引导下完成　　有点迷糊

扫扫看解析

猜猜我是谁

填一填 根据图片数一数，在方框里填上合适的数。

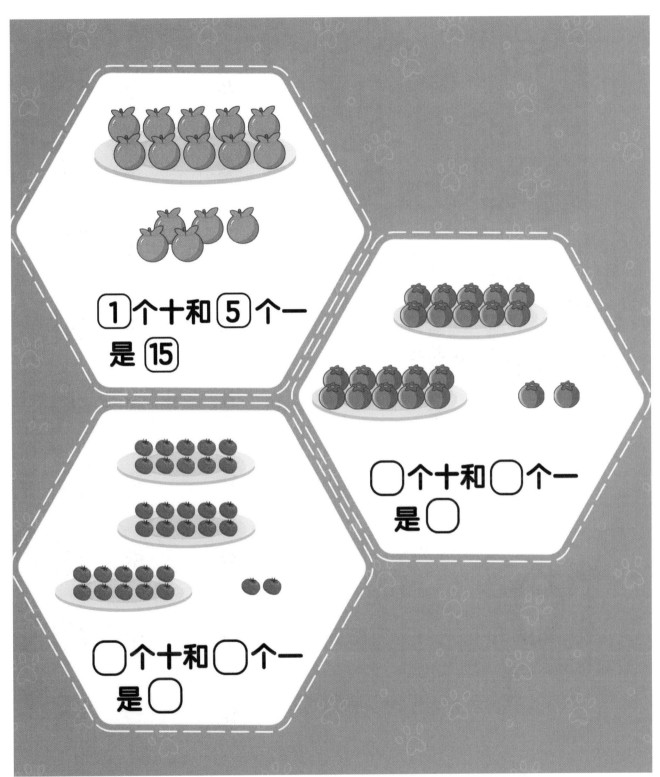

① 个十和 ⑤ 个一 是 ⑮

□ 个十和 □ 个一 是 □

□ 个十和 □ 个一 是 □

十几的数

数月饼

连一连 一盒月饼有10块，再加1块、2块、3块……分别会变成多少块呢？请把月饼和正确的数连起来。

大
数
的
计
算

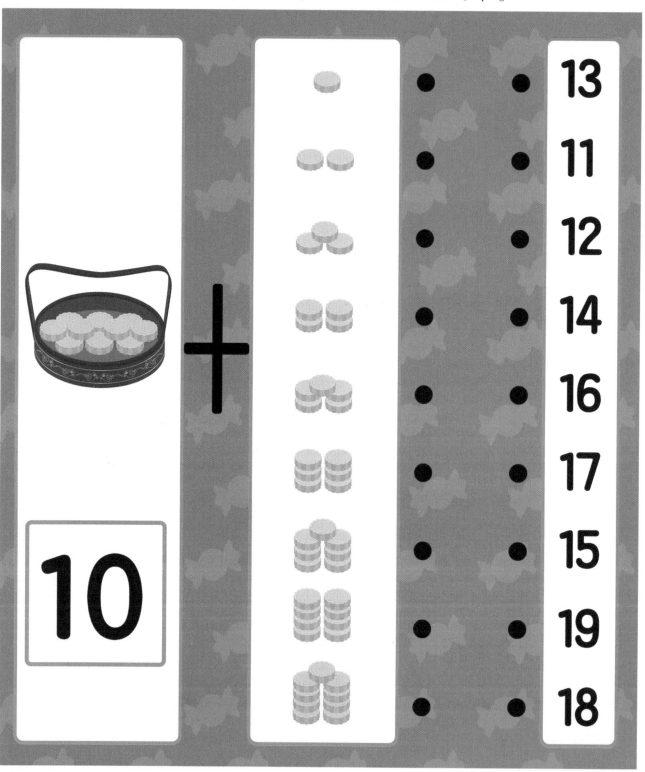

 独立思考   引导下完成   有点迷糊

扫扫看解析

自助餐

圈一圈，填一填 下面摆了 20 根热狗，1 个托盘能装 10 根热狗，想要装完下面所有的热狗总共需要几个托盘呢？

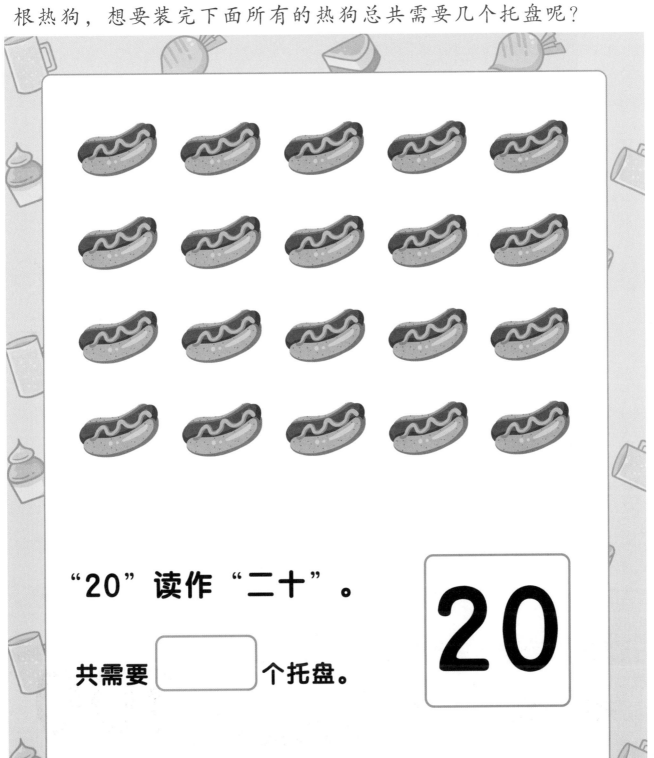

"20" 读作 "二十"。

共需要 [　　] 个托盘。

20

大数的计算

○ 独立思考　○ 引导下完成　○ 有点迷糊

铅笔的数量

圈一圈，填一填 方方从文具店买来100支铅笔，把10支铅笔分成一捆，100支铅笔总共能分成几捆呢？

大数的计算

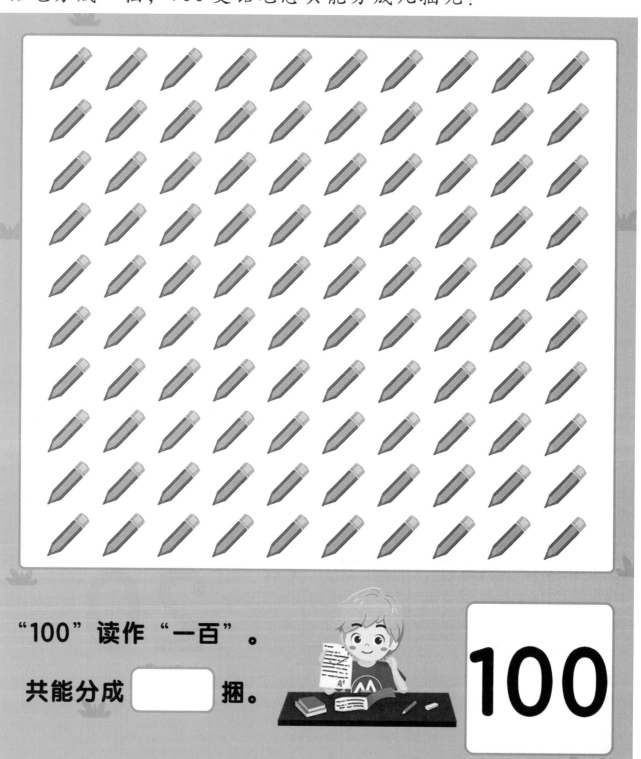

"100" 读作 "一百"。

共能分成 [   ] 捆。

100

独立思考   引导下完成   有点迷糊

扫扫看解析

理货员

 试着凑成 10 去计算。

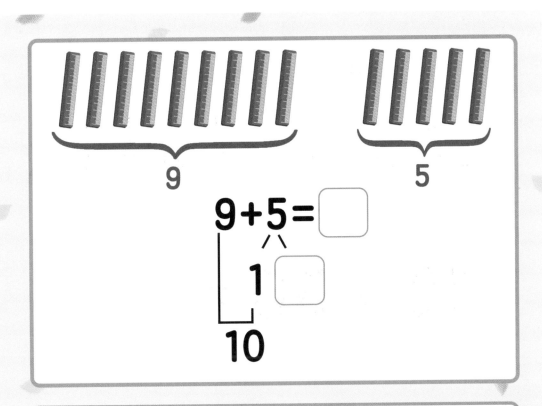

9

5

$$9 + 5 = \boxed{}$$

1 $\boxed{}$

10

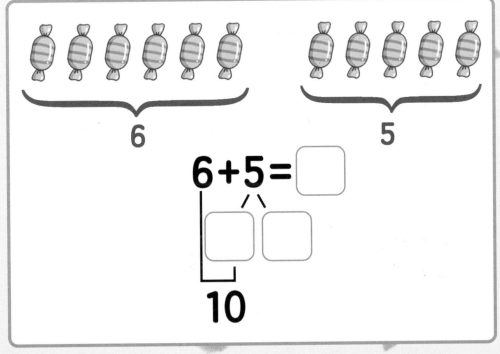

6

5

$$6 + 5 = \boxed{}$$

$\boxed{}$ $\boxed{}$

10

大数的计算

扫扫看解析

独立思考　　引导下完成　　有点迷糊

数格子

填一填 根据尺子上的刻度将算式补充完整。

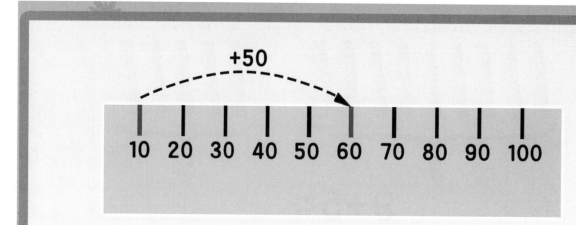

$$10 + 50 = \boxed{}$$

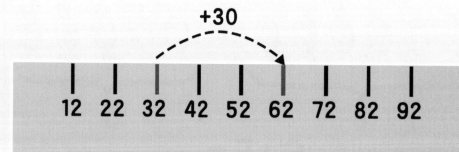

$$32 + \boxed{} = \boxed{}$$

独立思考　引导下完成　有点迷糊

扫扫看解析

快乐热气球

连一连 根据热气球上的算式，把热气球和举着相应数牌的小兔子连起来吧！

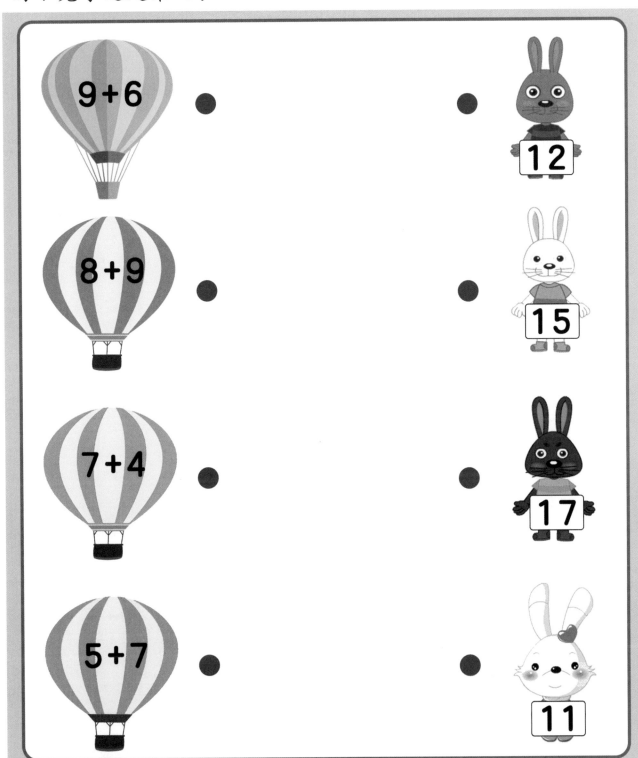

扫扫看解析

○ 独立思考   ○ 引导下完成   ○ 有点迷糊

计算练习

糖果屋

填一填 田田遇到了一个漂亮的糖果屋,横着看糖果豆的总数和最右边的数相等,竖着看糖果豆的总数和最下面的数相等。在黄格子里填上合适的数,帮她打开糖果屋的大门吧!

计算趣题

○ 独立思考　○ 引导下完成　○ 有点迷糊

扫扫看解析

神奇格子

 计算练习

填一填 在格子里填上合适的数。

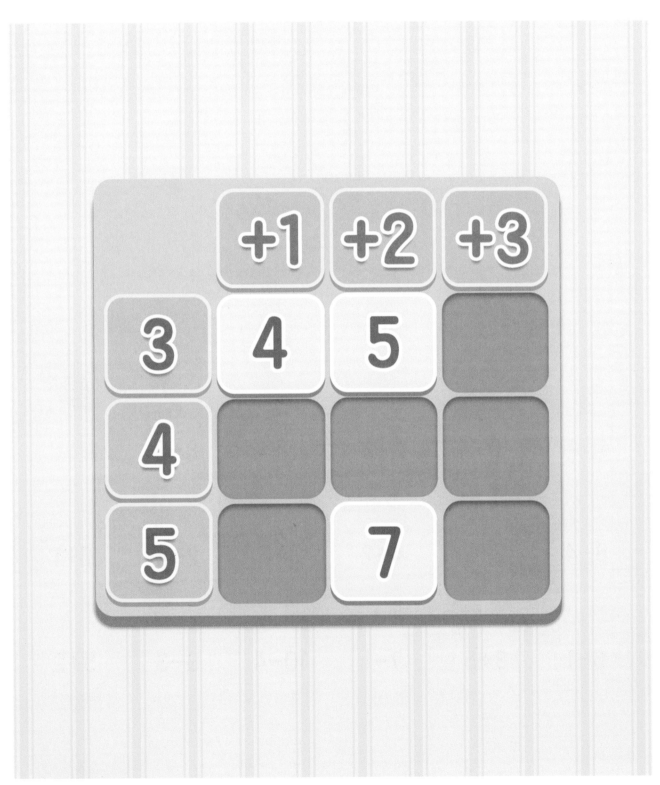

 ○ 独立思考　○ 引导下完成　○ 有点迷糊

勇闯智慧迷宫

画一画 小兔必须沿着得数是 6 的方向前进才能顺利找到胡萝卜，根据算式画一画前进路线，帮小兔找到胡萝卜吧！

计算趣题

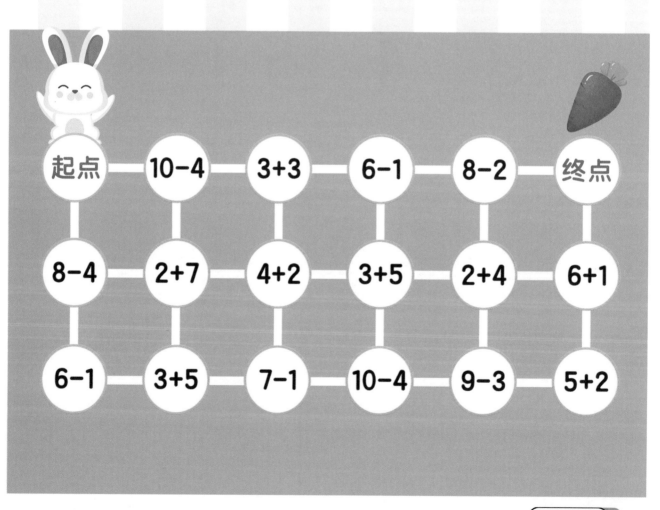

○ 独立思考　○ 引导下完成　○ 有点迷糊

扫扫看解析

参考答案

参 考 答 案

第1页

第2页

第3页
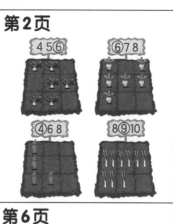

第4页

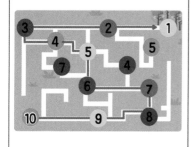

第5页 (答案合理即可)

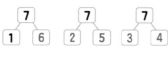

第6页
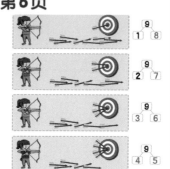

第7页
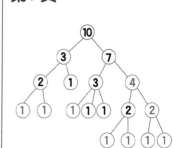

第8页

1	2	3	4	5	6	7	8	9	10
11	12	13	14	15	16	17	18	19	20
21	22	23	24	25	26	27	28	29	30
31	32	33	34	35	36	37	38	39	40
41	42	43	44	45	46	47	48	49	50
51	52	53	54	55	56	57	58	59	60
61	62	63	64	65	66	67	68	69	70
71	72	73	74	75	76	77	78	79	80
81	82	83	84	85	86	87	88	89	90
91	92	93	94	95	96	97	98	99	100

第9页

第10页

第11页

1	2	3	4	5	6	7	8	9	10
11	12	13	14	15	16	17	18	19	20
21	22	23	24	25	26	27	28	29	30
31	32	33	34	35	36	37	38	39	40
41	42	43	44	45	46	47	48	49	50
51	52	53	54	55	56	57	58	59	60
61	62	63	64	65	66	67	68	69	70
71	72	73	74	75	76	77	78	79	80
81	82	83	84	85	86	87	88	89	90
91	92	93	94	95	96	97	98	99	100

第12页

第13页
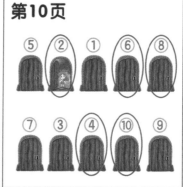

第14页

第15页

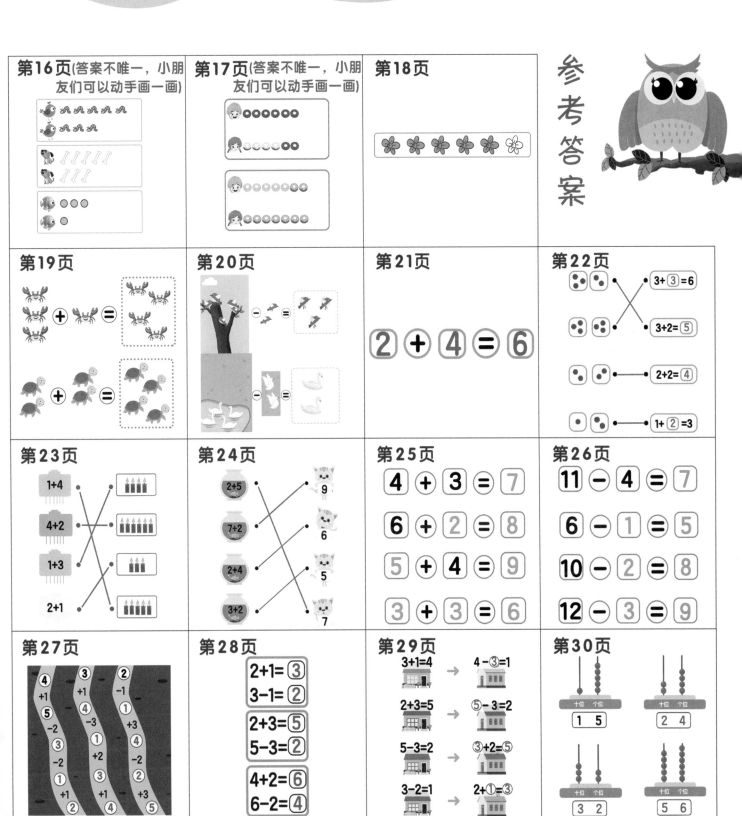

参考答案

第31页	第32页	第33页
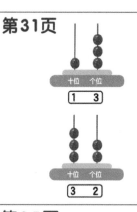十位 个位 1 3 十位 个位 3 2	22 28	②个十和②个一是㉒ ③个十和②个一是㉜

第34页	第35页	第36页	第37页
13 11 12 14 16 17 15 19 18	共需要 2 个托盘。	共能分成 10 捆。	9+5=⑭ 1 4 10 6+5=⑪ 4 1 10

第38页	第39页	第40页	第41页
10 + 50 = 60 32 + 30 = 62	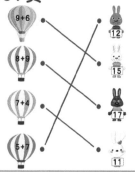 9+6 · ⑫ 8+9 · ⑮ 7+4 · ⑰ 5+7 · ⑪	7 8 10 9 7 9	 +1 +2 +3 3 4 5 6 4 5 6 7 5 6 7 8

第42页

起点—10-4—3+3—6-1—8-2—终点
8-4 2+7 4+2 3+5 2+4 6+1
6-1 3+5 7-1 10-4 9-3 5+2